RAPPORT
SUR
UNE MISSION SCIENTIFIQUE
AU MAROC
EN 1908

PAR

LOUIS GENTIL

MAÎTRE DE CONFÉRENCES À L'UNIVERSITÉ DE PARIS

(Extrait des Nouvelles Archives des Missions scientifiques, t. XVIII)

PARIS
IMPRIMERIE NATIONALE

MDCCCCIX

RAPPORT

SUR

UNE MISSION SCIENTIFIQUE

AU MAROC

EN 1908

RAPPORT

UNE MISSION SCIENTIFIQUE

AU MAROC

EN 1908

PAR

LOUIS GENTIL

MAÎTRE DE CONFÉRENCES A L'UNIVERSITÉ DE PARIS

(Extrait des *Nouvelles Archives des Missions scientifiques*, t. XVIII)

PARIS

IMPRIMERIE NATIONALE

MDCCCCIX

RAPPORT

SUR

UNE MISSION SCIENTIFIQUE
AU MAROC EN 1908.

La mission scientifique au Maroc dont j'ai été chargé, en 1908, par M. le Ministre de l'Instruction publique et par M. le Ministre des Affaires étrangères était relative aux régions récemment pacifiées par les troupes françaises dans le massif des Beni Snassen, du côté de la frontière algéro-marocaine d'une part; dans la Chaouïa, sur la côte Atlantique de l'autre.

J'ai pu, sans difficultés, accomplir mon programme, je l'ai même amplifié, entraîné hors de la Chaouïa, à Rabat, à Mazagan et jusqu'à la Zaouïa de Boujad, au cœur du Tàdla, où m'attiraient certaines questions intéressantes. Enfin, à la demande de M. Porché, ingénieur des ponts et chaussées — délégué par les Puissances auprès du Makhzen au titre de directeur des Travaux publics du Maroc — j'ai fait un complément d'études dans le Nord au point de vue de la question urgente de l'alimentation de la ville de Tanger en eau potable [1].

Ma mission a été cette année particulièrement lucrative grâce aux facilités de déplacements qui m'ont été données. J'ai ainsi pu dresser une carte de la Chaouïa que j'ai fait déborder parfois jusqu'à des distances assez considérables des limites assignées à

[1] Je croirais manquer à tous mes devoirs si je n'exprimais ma gratitude à M. Regnault, ministre de France au Maroc, et à son personnel de la Légation et des Consulats. J'ai été profondément touché, aussi, de la bienveillance avec laquelle M. le général d'Amade et M. le général Lyautey m'ont facilité par tous les moyens en leur pouvoir des déplacements parfois un peu difficiles, et je n'oublierai pas l'accueil de leurs officiers et l'aide aussi obligeante qu'utile de la plupart d'entre eux.

Enfin je garderai longtemps le souvenir des attentions de mes compatriotes de là-bas, autant de nos colons que de nos modestes soldats qui m'ont, en toute occasion, donné les témoignages d'un dévouement dont je sens tout le prix.

l'occupation militaire ainsi qu'une carte géologique provisoire du massif des Beni Snassen.

J'ai rapporté en outre quelques précieuses collections paléontologiques et minéralogiques, non seulement de la Chaouîa et des Beni Snassen mais encore de la région d'Arzila, dans le Maroc septentrional, collections parmi lesquelles figurent d'importantes séries primaires et tertiaires.

Je puis, dès mon retour en France, donner dans ce rapport d'ensemble, une idée approchée des résultats de mes voyages.

Je diviserai l'exposé qui va suivre en trois parties :

1° J'exposerai l'ensemble de mes observations dans la Chaouîa et dans les régions avoisinantes;

2° Je ferai un court exposé de mes recherches dans le Maroc septentrional, au sud de Tanger;

3° Enfin je traiterai du massif des Beni Snassen.

I

LA CHAOUÎA [1].

La Chaouîa appartient à la partie du Maroc que j'ai antérieurement désignée sous le nom de *Meseta marocaine* et qui est comprise entre la chaîne du Rif et les ramifications les plus occidentales du Moyen-Atlas.

Elle constitue une région naturelle limitée à une zone littorale d'une centaine de kilomètres de profondeur. Au N. E. et au S. O., son organisation politique lui assigne comme frontières les profondes coupures de l'Ouad Cherrat et de l'Oum er Rbëa; au N. O., elle offre plus de 130 kilomètres de côtes. Enfin au S. E., elle s'arrête, avec les *tírs* ou terres fertiles du Maroc, aux Our'dir'a et au Tâdla.

Au point de vue orographique, la Chaouîa est formée par un vaste plateau secondaire, le plateau des Mzamza et des Mzab qui

---

[1] Le mot « chaouîa » (plur. d) chaoui), signifie « pasteurs ». Il est devenu un nom ethnique, alors qu'il désignait primitivement des peuplades berbères à vie exclusivement pastorale. Il indique donc les habitants d'une région naturelle du Maroc et non cette région elle-même. Mais, ainsi qu'on l'a fait très souvent, et pour la commodité du langage, nous dirons la *Chaouîa* pour désigner *le pays des chaouîa.*

se poursuit sur une très grande étendue vers l'est et le sud-est et domine, par un brusque escarpement, une région littorale formée de plaines et d'une série d'ondulations qui s'atténuent graduellement en approchant du rivage atlantique. La côte est basse ou formée de falaises de faible hauteur, elle est bordée par un cordon de dunes littorales.

Des cours d'eau coulent au fond de vallées parfois encaissées et dirigées à peu près normalement aux lignes de rivages. L'Ouad Cherrat, l'Ouad Nfifikh et l'Ouad Mellah, dont le parcours est relativement réduit, ne roulent que très peu d'eau; mais le plus occidental, l'Oum er Rbëa, constitue un véritable fleuve qui prend naissance sur le flanc septentrional du Moyen-Atlas et dans la profonde dépression de l'Ouad el Abid, qui sépare cette grande chaîne du Haut-Atlas. Il descend de hauteurs pouvant atteindre 3,000 mètres et se trouve ainsi, en partie du moins, alimenté par la fonte des neiges.

Le relief de la Chaouïa se déduira très simplement de l'étude stratigraphique et tectonique de cette partie du Maroc.

Des notions importantes ont été acquises sur la structure de la Chaouïa, à la suite des voyages du géographe allemand Theobald Fischer [1]. M. A. Brives y a signalé, sans preuves paléontologiques, la présence du Silurien, du Dévonien et du Miocène. Ce dernier terrain représenté par des poudingues et par le faciès gréso-calcaire à Lithothamnium recouvrirait, en bancs horizontaux, ce qu'il appelle le plateau moyen [2].

Enfin le Dr Weisgerber a rapporté de ses remarquables explorations des données fort intéressantes, notamment celles relatives aux arêtes de quartzites paléozoïques appelées « sokhrat » par les indigènes [3].

STRATIGRAPHIE.

Les terrains qui prennent part à la constitution de cette région comprennent à la fois des terrains primaires, secondaires et tertiaires.

[1] *Peterm. Mitt. Ergänz.*, n° 133, Gotha, 1900, et *Mitt. d. Geogr. Gesellsch.* in Hambourg, Bd XVIII, 1902.
[2] *B. S. Geogr.*, *Alger*, 2° trimestre, 1902, et *C. R.*, *IX° Congrès géol. intern. de Vienne*, 1903, p. 690.
[3] *La Chaouïa* (*Bull. Com. Afr. franç.*, 1908).

A. Terrains primaires.

La plupart des étages primaires semblent représentés, mais malheureusement, ces terrains forment des affleurements discontinus, interrompus par un revêtement de couches plus récentes, ce qui donne à la carte géologique du pays un aspect qui en rend la lecture difficile. De plus, ces circonstances font qu'il est impossible de suivre longtemps, sauf à la limite du pays, dans la région des Mdakra, les différents étages paléozoïques et mettent dans la nécessité, étant donnée la rareté des fossiles, de déterminer les lambeaux primaires par des assimilations lithologiques souvent douteuses, parfois même impossibles.

Exception peut être faite cependant pour le Permien, toujours reconnaissable, même à distance, à la coloration ferrugineuse intense de ses dépôts arénacés ou à la couleur verdâtre des roches volcaniques associées. Mais pour les autres étages, la cartographie géologique est compliquée et nécessitera des recherches patientes de façon à multiplier le nombre des gisements fossilifères que j'ai reconnus. C'est ainsi que je serai amené à introduire dans la légende de la carte que j'ai dressée une teinte spéciale représentant un « Paléozoïque indéterminé » et comprenant tous les étages primaires sauf le Permien.

1° **Silurien.** — Les sédiments les plus anciens sont formés de schistes micacés ou satinés sans fossiles qui peuvent appartenir au Cambrien ou à des niveaux antérieurs. Ils sont recouverts par la succession géosynclinale épaisse de schistes et de quartzites qui rappellent les dépôts du Silurien de l'Atlas, de la chaîne du Rif et de l'Algérie septentrionale. Ici comme partout ailleurs, les quartzites se montrent beaucoup plus développés à la base de la formation; tandis que des schistes argileux, noirâtres, ardoisiers, rappellent fidèlement les schistes à Graphtolithes que j'ai déterminés au sud de Demnat, dans le Haut-Atlas.

On retrouve ainsi partout dans l'Afrique du Nord ces dépôts de géosynclinal, ce qui explique la constance remarquable de faciès de ces sédiments primaires. De même que dans l'Atlas, je suis donc amené à grouper dans l'Ordovicien les schistes avec leurs bancs puissants de quartzites à la base et dans le Gothlandien les schistes ardoisiers superposés.

Je n'ai pas cru pouvoir séparer du Silurien les dépôts sous-jacents en attendant la découverte de nouveaux documents paléontologiques.

Les schistes et les quartzites qui nous occupent se montrent un peu partout dans la région basse de la Chaouîa, notamment au sud, dans la vallée de l'Oum er Rbĕa. Dans la zone littorale ils apparaissent soit le long de la côte, soit à la faveur de l'érosion des dépôts pliocènes, notamment aux environs de Casablanca, entre Fedhala et Bou Znika, etc. Dans la région de plaines des Oulad Saïd et de Ben Sliman ils affleurent sur de vastes surfaces. Les quartzites de la base émergent en formant des arêtes rocheuses que les Arabes désignent sous le nom de *sokhrat*.

Enfin les régions du Mqarto et des Mdakra offrent un grand développement de dépôts paléozoïques. Des masses importantes de quartzites ordoviciens constituent le Mqarto ainsi que de nombreuses *sokhrat*. La région des Mdakra est accidentée, offrant un relief très raviné dans ces dépôts et ceux du Dévonien.

2° **Dévonien** — Sur le Silurien repose une succession puissante de schistes argileux intercalés de grès et de lits de calcaires à Encrines, surmontés de calcaires compacts bleus, parfois gréseux ou silicifiés, formant des calcaires zoogènes très épais.

Les plus belles coupes qu'on puisse relever sont celles du plateau de Tafrent, entre l'Ouad Zamreu et l'Ouad el Ateuch, dans les Mdakra.

On peut observer là, de bas en haut, la succession suivante :

a. Argiles schisteuses avec lits de grès et de calcaires à Encrines d'une épaisseur d'au moins 5o mètres.

b. Grès quartziteux avec argiles schisteuses, 1oo mètres.

c. Calcaires compacts bleus donnant par décalcification des roches fossilifères, au moins 15o mètres.

La puissance de ces dépôts dévoniens dépasse 3oo mètres.

Les fossiles se rencontrent un peu partout dans ces couches; ce sont surtout des Polypiers, des Trilobites et des Brachiopodes. Les calcaires ne sont parfois pétris et ils peuvent offrir des spécimens remarquablement conservés par suite d'un phénomène de silicification suivi d'une décalcification. Du quartz et de la calcédoine se sont développés secondairement dans le calcaire compact, formant une trame siliceuse qui relie les grains clastiques de quartz et englobe de la calcite largement cristallisée. La silice secondaire s'est portée de préférence sur le test des Brachiopodes dont l'aragonite a été substituée; en certains points seulement la silicification a été complète formant ainsi de gros noyaux de silex. Il s'est produit, ensuite, *suivant les lignes d'affleurement,* une décalcification qui a laissé subsister seulement la trame siliceuse et le quartz clastique, donnant ainsi une roche tendre, spongieuse, à la surface de laquelle se trouve parfois de beaux fossiles siliceux et qui peut, à première vue, se confondre avec de vraies grauwackes qui se rencontrent également dans ce terrain.

J'ai recueilli quelques documents paléontologiques intéressants sur le plateau de Tafrent, dans l'Ouad el Ateuch, dans les Mdakra et au pied du Mqarto. Mais le plus riche gisement de fossiles dévoniens que j'aie trouvé est à 7 kilomètres au sud du poste de Qasba Ben Ahmed, près de Djemaa Salinin, sur le chemin de Melgou.

En ce point affleurent, sur une étendue de 2 à 3 kilomètres au milieu des calcaires marneux crétacés du plateau des Mzab, les calcaires bleus du Dévonien, en partie décalcifiés. Ils sont en ce point très fossilifères. J'en ai rapporté d'importants documents parmi lesquels de superbes échantillons qui figureront dans les collections de la Sorbonne.

M. E. Haug qui se propose, avec sa haute compétence, de décrire cette faune, a pu, après un examen sommaire, dresser la liste suivante :

Cryphæus laciniatus F. Rœm. (tête et pygidium).
Dalmania (*Odontochile*) [pygidium d'une espèce de très grande taille].
Orthothetes umbraculum Schloth.
Stropheodonta sp.
Chonetes plebejus Schnur.

Spirifer Pellicoi Vern.
— *Rousseaui* Vern.
— *Bischofi* A. Rœm.
Uncinulus subwilsoni d'Orb.
Tentaculites sp.
Petraia sp.
Fenestella sp.

Cette faune ne laisse aucun doute sur son âge *coblentzien.*
Je n'ai pas reconnu le Mésodévonien et le Néodévonien.
Le terrain qui nous occupe est particulièrement développé dans le sud-est de la Chaouîa, dans les Mzab, la région du Mqarto et les Mdakra. Dans le sud et l'ouest il est mis à nu dans la vallée de l'Oum er Rbëa surtout dans la région de Mechrat ech Chaïr,

offrant une succession lithologique à peu près constante sur cette grande étendue.

Dans la zone littorale il est souvent difficile de dire si les schistes et grès, qui affleurent à la faveur de l'érosion du Pliocène, appartiennent au groupe du Silurien et à celui du Dévonien. Aussi subsiste-t-il une incertitude en ce qui concerne les schistes et grès des Oulad Harriz, du Merchich, de la Qasba de Mansourah et même ceux qui affleurent dans la rade de Casablanca, formant ce que Theobald Fischer a décrit comme terrasse d'abrasion.

3.° **Carbonifère.** — J'ai trouvé en plusieurs points, notamment dans la vallée de l'Ouad Hameur, qui descend de Qasba ben Ahmed vers la plaine des tirs, et près de Tamassin dans la vallée de l'Oum er Rbëa, des schistes argileux noirâtres, avec lits de 5 à 10 centimètres de calcaires à Entroques, noirs ou ferrugineux, renfermant en assez grande abondance des rognons de silex noirs.

Je n'ai pas trouvé dans ces assises d'autres fossiles que les débris organisés non caractéristiques des calcaires à Entroques. Je pense néanmoins, à cause de leurs relations stratigraphiques, que ces schistes peuvent appartenir au Carbonifère inférieur.

4° **Permo-Trias.** — Des couches rouges, analogues à celles que j'ai étudiées dans le Maroc septentrional, aux environs de Tétouan et dans le Haut-Atlas, existent dans la Chaouïa; je les place également dans le Permo-Trias. Elles débutent généralement par un conglomérat de base à galets anciens de quartzites du Silurien ou de quartz filoniens, ou à galets de calcaires dévoniens agglomérés par un ciment gréseux et ferrugineux.

Ces poudingues qui atteignent 50 mètres d'épaisseur à El Menza, dans la vallée de l'Ouad el Mellah, supportent une épaisseur variable d'un minimum de 100 mètres de grès argileux rouges, alternant avec des argiles rouges ou bariolées de blanc et de vert.

Je rapporte ces dépôts au Permo-Trias, bien que je n'y aie trouvé aucune trace de débris organisés, parce que la similitude stratigraphique est complète avec les couches rouges du Haut-Atlas.

Cette analogie est encore augmentée par l'interposition fréquente de porphyrites, en coulées alternant avec des tufs traversés par des filons de quartz ou par des dykes de lave. De la silice secondaire se montre fréquemment sous forme de calcédoine ou de géodes de quartz, notamment dans la région du poste du Boucheron.

Ces roches microlitiques proviennent d'éruptions volcaniques importantes, nettement synchroniques des couches rouges et sont, par conséquent, contemporaines des volcans de même nature dont les vestiges imposants couronnent actuellement les sommets les plus élevés du Haut-Atlas, comme le Djebel Tamjout et le Djebel Likoumt: Ils forment des accumulations de laves et des produits de projection atteignant une centaine de mètres. Mais l'intensité de ces phénomènes éruptifs semble considérablement amoindrie par rapport à ceux dont la chaîne de l'Atlas occidental a été le théâtre. Dans la Chaouïa comme dans le Sud marocain, je suis porté à croire que les grès qui forment la partie supérieure de ces dépôts peuvent appartenir au début du Trias mais sont inséparables des sédiments primaires à cause de leur continuité et de l'absence de fossiles.

Les couches rouges et les roches volcaniques qui les accompagnent affleurent dans la coupure des vallées profondes de l'Ouad Nfifikh, de l'Ouad Mellah et de l'Oum er Rbëa.

Les coupes les plus intéressantes sont celles du cirque de Ber-Rebah et de Sidi Amor dans l'Ouad Nfifikh, de Si Saïd-Machou dans l'Oum er Rbëa. On peut relever en ce point et au Djorf el Kehal, à travers la vallée, une coupe complète du Permo-Trias avec un important développement de laves et de tufs volcaniques traversés par une multitude de filonnets de quartz et d'améthyste et de calcédoine-agate.

B. Terrains secondaires.

1° **Trias et Infra-lias.** — J'ai rattaché comme dans l'Atlas, aux couches rouges du Permien, la base du Trias.

Indépendamment de ces dépôts du début de l'ère secondaire le Trias moyen et le Trias supérieur, en partie du moins, semblent également exister avec le faciès lagunaire qu'il a partout ailleurs dans l'Afrique du Nord. C'est ainsi qu'à El Menza les indigènes exploitent du sel gemme par des puits d'où ils retirent une eau très salée qu'ils font évaporer dans de petits bassins analogues à ceux des marais salants.

Sur tout le pourtour du plateau des Mzamza et des Mzab se

montrent, reposant sur les terrains primaires, une succession d'assises argilo-gréseuses, calcaires et marneuses.

Les plus belles coupes de ce terrain peuvent être relevées dans la vallée de l'Oum er Rbëa, dans la région de Mechrat ech Chaïr. En ce point le fleuve a profondément entaillé le plateau secondaire des Mzamza pour établir son lit sur le soubassement primaire et les ravins qu'il reçoit sur sa rive droite ont affouillé les différentes assises qui nous occupent et sont recouvertes, partout ailleurs, sous l'immense étendue du plateau, par les dépôts crétacés que nous étudierons plus loin.

Si l'on essaie de gravir la pente en partant du gué de Mechrat ech Chaïr pour atteindre le plateau, au-dessus d'El Aouaj, on relève la coupe suivante :

Sur les couches redressées du Silurien, du Dévonien et du Permo-Trias reposent, en assises à peu près rigoureusement horizontales, de la base au sommet :

a. Argiles rouges gréseuses avec quartz bipyramidés et amas de petits cristaux de quartz hyalin et diversement colorés en jaune, rouge, ou vert, sur une épaisseur d'environ 5o mètres.

b. Argiles rouges gréseuses avec les mêmes cristaux de quartz, avec bancs de calcaires blancs, jaunes, bruns, lie de vin ou blancs, de o m. 3o à 1 mètre d'épaisseur; la puissance approximative de cette assise est de 4o mètres.

L'assise *a* est dépourvue de fossiles mais j'ai recueilli, dans les bancs les plus inférieurs de l'assise *b*, de nombreux débris de Brachiopodes et de Mollusques qui ne sont, le plus souvent, qu'à l'état d'empreinte. Leur état de conservation laisse presque toujours à désirer, le test de la coquille a disparu, mais de bons moulages pris à la gélatine m'ont permis de déterminer les espèces suivantes :

Terebratula pyriformis Sss.	*Lima acuta* Stopp.
— cf. *psilonoti* Quenst.	*Leda* aff. *Deffneri* Oppel.
Mytilus psilonoti Quenst.	*Gonodon* aff. *Laubei* Bittn.
— cf. *minutus* Quenst.	*Myophoriopsis* cf. *Stenonis* Stopp.
Avicula cf. *Deshayesi* Terq.	*Ataphrus* cf. *rotundatus* Terq.
Avicula sp.	— aff. *planilabium* Cossm.
Megalodon (ou *Laubeia*) sp.	*Ataphrus* sp.
Cucullæa Marchisoni Capp.	*Procerithium* (*Cosmocerithium*) sp.

Procerithium (Xystrella) sp.
Paracerithium du groupe de *Cerithium Todaroi* Gemm.

Pleurotomaria du groupe de *Pl. nucleus* Terq.
Cœlostylina sp.[1]

Cette faune rappelle, au premier abord, par suite de la petite dimension des espèces, la faune de Saint-Cassian. Elle est bien différente, en réalité, bien qu'elle offre des affinités triasiques (*Gonodon Laubei, Cœlostylinœ*, etc.).

Elle caractérise le Rhétien et renferme surtout des espèces de la zone à *Avicula contorta* de la Lombardie et de la Spezzia, en Italie : c'est ainsi qu'elle possède bon nombre d'espèces communes à la faune des calcaires de l'Azzarola décrite par Stoppani (*Terebratula pyriformis, Mytilus psilonoti, Cucullœa Murchisoni, Lima acuta, Myophoriopsis Stenonis*, etc.). Enfin elle contient des espèces de l'Hettangien d'Hettange, du Portugal (couches de Pereiros), etc.

La partie supérieure de l'assise *b* où je n'ai pas trouvé de fossiles peut représenter l'Hettangien, ce qui compléterait la série infra-liasique.

La partie sous-jacente, d'argiles gréseuses bariolées avec quartz bipyramidés, semble représenter les niveaux les plus inférieurs de l'Infra-Lias.

Quant à l'assise *a* elle appartient vraisemblablement au Trias supérieur.

Plus à l'est, dans la région de Tamassin, la même série offre une coupe analogue. On observe à sa base un conglomérat formé de galets, de quartzites siluriens ou de calcaires dévoniens, avec ciment gréseux.

Ce poudingue, qui représente un *conglomérat de base*, peut atteindre 20 et même 30 mètres d'épaisseur. Au-dessus se succèdent des assises de grès, bariolés de blanc et de rouge, intercalées d'argile sableuse parfois d'un rouge cramoisi. Enfin, la série se termine par la succession de bancs de calcaires fossilifères et d'argiles gréseuses d'El Aouaj.

L'épaisseur totale des couches infra-liasiques de ce côté est d'environ 100 mètres.

[1] Je remercie vivement M. Cossmann d'avoir bien voulu, avec sa compétence si remarquable, confirmer ces déterminations parfois si délicates surtout en ce qui concerne les petits Gastropodes.

Ailleurs ce terrain borde, toujours en couches horizontales, tout le plateau crétacé des Mzamza et du Mzab. Son plus grand développement en affleurement se trouve dans les environs de Quasba ben Ahmed et du camp du Boucheron, on le retrouve encore en amont de Mechrat ech Chaïr, en divers points de la vallée de l'Oum er Rbeä.

Les dépôts crétacés sont transgressifs sur l'Infra-Lias :

1° Les plus inférieurs paraissent être les calcaires à silex qui couvrent de grandes surfaces dans les Oulad Sidi ben Daoud et les Oulad Fares et se poursuivent vers le sud-ouest jusqu'au cœur du Tâdla. Ils renferment des silex pyromaques, souvent noirs, de grosseur variable, mais dépassant fréquemment celle du poing. Les silex sont parfois en quantité considérable; par décalcification ils se dégagent de la roche et encombrent le sol sans être précisément un obstacle à la culture des céréales.

Je n'ai jamais trouvé de traces de débris organisés dans ce terrain qui demeure ainsi indéterminé.

2° Au-dessus se développent des calcaires blancs ou légèrement jaunâtres, compacts ou un peu argileux, qui affleurent sur le bord du plateau des Mzamza qui domine la vallée de l'Oum er Rbëa, dans la région de Mechrat ech Chaïr.

Ici les fossiles ne sont pas rares mais ils sont très empâtés; leur coquille a le plus souvent disparu, mais des contre-empreintes à la gélatine donnent parfois des moulages déterminables. Les échantillons que j'ai recueillis au-dessus d'El Aouaj m'ont ainsi permis de reconnaître :

Cardium cf. *Marticense* Math.	*Nerinea* du groupe de *Ner. cincta* Münster.
Granocardium productum Sow. sp.	*Rostellaria* du groupe de *R. Requinianus* d'Orb.
Cardium sp.	
Venus sp.	
Cyprina sp.	— du groupe de *R. Mailleana* d'Orb.
Mytilus ornatus d'Orb.	
Arca du groupe de *Arca Vendinensis* d'Orb.	*Pyrasus (Echinobatra)* cf. *sexangulum* Zek.
Capsa Venei d'Arch.	*Turritella rigida* Sow.
	Turritella cf. *nodosa* Rœm.

Cette faune est néritique, presque littorale, elle rappelle les niveaux élevés du Turonien, d'Uchaux, les couches de Gozau, etc.

L'épaisseur de ces calcaires est d'une trentaine de mètres.

3° Enfin la série est surmontée par un calcaire marneux jaunâtre, de couleur un peu brune qui recouvre une grande partie du plateau crétacé. Il renferme parfois des empreintes de petits Échinides indéterminables et des coquilles de Gastropodes et de Lamellibranches.

J'ai ainsi pu déterminer parmi les empreintes recueillies dans les carrières de Settat :

Ostrea proboscidea Sow.	*Mytilus ornatus* d'Orb.
Ostrea plicifera Coq.	*Natica bulbiformis* Sow.

Il est probable que cet assise représente le Sénonien inférieur. Il est possible que les calcaires de Settat soient surmontés ailleurs par des couches plus récentes du Crétacé supérieur et même de l'Éocène, mais rien ne l'a laissé supposer. Il est possible, par contre, que ces couches crétacées représentent l'horizon stratigraphique le plus élevé du plateau des Mzamza car j'ai pu constater que les strates, très près d'être horizontales, sont cependant légèrement relevées vers le sud-est en se dirigeant vers le Tâdla.

C. Terrains tertiaires.

Le Miocène a été signalé par M. Brives dans la Chaouîa : ce terrain néogène formerait d'après lui toute la couverture de ce qu'il appelle le plateau moyen, c'est-à-dire le plateau des Mzamza, qui est en réalité formé, ainsi que nous venons de le voir, par l'Infra-Lias et le Crétacé.

Mon savant confrère, se basant sur des ressemblances lithologiques, a confondu les calcaires turoniens ou sénoniens avec le facies gréso-calcaire à *Lithothamnium* qu'il attribue au deuxième méditerranéen [1].

Il a, par contre, signalé avec raison le Pliocène.

Pliocène. — Toute la zone littorale, sur une profondeur variable de 40 à 70 kilomètres, a été couverte par la mer pliocène.

[1] *C. R. X° Cong. géol. inter., Vienne 1906, p. 690, etc.*

Les dépôts qu'elle y a laissés sont difficiles à observer parce qu'ils sont le plus souvent cachés par les produits de leur désagrégation sur place. Mais sur le bord des vallées les assises néogènes forment corniche et laissent voir leur ordre de succession.

C'est ainsi que la vallée de l'Ouad Mellah offre de belles coupes naturelles qui m'ont, en plusieurs points, permis la récolte de quelques fossiles.

La succession la plus complète que j'aie observée est celle d'Aïn Cherichira. Cette source est dominée par un escarpement du Pliocène sur le flanc de droite de la vallée. On y voit la superposition suivante, de la base au sommet:

a. Grès grossiers rougeâtres à grains de quartz montrant, dans la partie la plus inférieure, de nombreux galets de quartz filonien qui forment un poudingue de base. 15 mètres.

b. Marnes et calcaires grumeleux jaunâtres à *Ostrea edulis* L. 25 mètres.

c. Calcaires gréseux blanchâtres, avec lits de marnes grumeleuses, 20 mètres.

L'épaisseur visible de la formation est d'une soixantaine de mètres, mais l'assise supérieure est considérablement amoindrie par l'érosion ou par les actions superficielles.

L'assise inférieure constitue un conglomérat de base formé aux dépens des sédiments primaires, surtout du Permo-Trias. Elle existe un peu partout; je l'ai observée dans la vallée de l'Oum er Rbëa et les autres vallées de la Chaouîa, surtout aux abords des plateaux des Mzamza et des Mzab, notamment auprès du camp du Boucheron. Enfin, elle se rencontre au bord de la mer, là où le Pliocène est presque complètement décapé par l'érosion et laisse voir, sous le substratum primaire, ses dépôts les plus inférieurs.

L'assise marneuse est locale. Le plus souvent, au conglomérat de base succèdent les calcaires avec lits marneux et presque toujours gréseux, fréquemment formés de débris de coquilles triturées offrant par place la composition d'une véritable lumachelle. Aussi ces calcaires néogènes se distinguent toujours, à première vue, des calcaires compacts ou marneux du Crétacé du plateau des Mzamza.

Les fossiles bien conservés sont assez rares. J'en ai recueilli quelques exemplaires aux environs de Casablanca et surtout auprès de l'Aïn Cherichira. En ce point se montre, dans la couche de passage de marnes grumeleuses et de calcaires gréseux super-

posés, un banc d'Huîtres dans lequel on trouve, indépendamment
de nombreuses coquilles d'Ostracés, des Pectinidés. J'ai recueilli:

Ostrea edulis L.
  Ostrea edulis L. var *italica*. Defr.
abondants.
  Pecten plano-medius Sacco, abon-
dant.

Pecten Jacobœus L.
Pecten benedictus Lmk.
Flabellipecten nov. sp.

Cette dernière espèce intermédiaire entre le *P. flabelliformis* et
P. planosulcatus est nouvelle, elle sera prochainement décrite et
figurée par MM. Depéret et Roman. Je dois enfin citer:

Pecten benedictus Lmk.
Carcharodon megalodon Agass.
Odontaspis acutissima Ag.

qui ont été recueillis au camp de Casablanca et m'ont été donnés
par le capitaine Beloüin.

Ces éléments de faune suffisent à caractériser le Plaisancien.

Vers le sud-est de la Chaouïa le Pliocène paraît offrir, à sa base,
une assise de sable quartzeux assez importante qui affleure, notamment, à l'Aïn Bou Skoura. Ce sont des sables blancs ou jaunâtres
d'où émerge une importante source.

Ces sables existent sous une partie au moins de la plaine des
tirs, ainsi qu'il est permis d'en juger d'après un forage à la sonde
artésienne effectuée à Ber Rechid.

Le Plaisancien de la Chaouïa paraît être en continuité avec les
mêmes niveaux pliocènes de la région d'Arzila; du moins se pour-
suit-il sans interruption jusqu'au delà de Rabat.

Pléistocène. — Les dépôts pléistocènes jouent un rôle très
effacé dans la région qui nous occupe. Les alluvions ne couvrent
que de faibles étendues dans le fond des vallées et il faut renoncer
à voir dans les régions de plaines des terrains de transport. La
plaine des tirs, en particulier, n'a aucun des caractères des plaines
alluvionnaires. Des plages soulevées d'âge quaternaire sont actuellement portées à une altitude très faible. Elles ont laissé des vestiges le long de la côte, notamment aux environs de Casablanca,
de Fedhala, etc.

Enfin des dunes maritimes bordent le littoral un peu partout. Les unes anciennes sont actuellement fixées; les autres sont en progression mais elles empiètent très peu sur les terres.

Des stations préhistoriques existent en plusieurs points. J'ai notamment revu le gisement néolithique que j'avais signalé en 1905, auprès de Casablanca, à la pointe de l'Ang[1]. Et, grâce au dévouement du lieutenant Brouaux, j'ai pu réunir d'intéressants matériaux de cette station ainsi que de plusieurs autres.

Des abris sous roche et des grottes, situées non loin de la côte de Casablanca, ont été fouillés et ont fourni des documents importants qui feront l'objet d'une étude spéciale.

TECTONIQUE.

Il m'est impossible d'affirmer que toutes les assises primaires antérieures au Permo-Trias se sont déposées en une série continue; du moins n'ai-je pu saisir de mouvement séparant deux de ces assises par une discordance. Il n'y aurait pas, en ce cas, de traces de la chaîne calédonienne dans la Chaouïa.

Je ferai cependant quelques réserves à ce sujet à cause de la difficulté de l'observation résultant du peu de continuité des affleurements paléozoïques. D'autre part, la présence d'une poudingue à la base du Dévonien de Mechrat ech Chaïr appelle l'attention pour les recherches ultérieures.

Mais si aucun mouvement n'était venu troubler cette grande phase de sédimentation qui embrasse la plus grande partie des temps primaires, par contre la *chaîne hercynienne* a laissé des vestiges très nets dans la Chaouïa.

Depuis les explorations de J. Thomson dans le Sud-Marocain on sait que les terrains primaires ont été fortement plissés dans le vorland de l'Atlas et les recherches récentes ont montré que les plissements ainsi produits, surtout durant le Carbonifère supérieur, ont, dans la partie la plus occidentale de l'Atlas marocain, une direction N. N. E., c'est-à-dire une *direction varisque*.

La chaîne primaire a conservé cette direction à travers les Djebilet et les Doukkala et j'ai pu me rendre compte qu'elle l'avait encore gardée dans la partie méridionale du pays.

[1] Louis Gentil, *Explorations au Maroc.* Paris, Masson édit., 1906, p. 55-56.

Mais au cœur de cette province marocaine elle prend assez brusquement une *direction armoricaine*, vers le N. N. O., avant d'aller s'effondrer sous les eaux de l'Océan.

La surrection de cette grande chaîne est ici, de même que dans le Haut-Atlas, postérieure aux dépôts dinantiens; mais tandis que les efforts orogéniques se faisaient encore sentir, la chaîne était démantelée et les érosions successives ont abouti à la formation d'une *vaste pénéplaine qui s'étendait à d'immenses surfaces, couvrant toute la Meseta marocaine et l'emplacement actuel du Haut-Atlas occidental.*

L'érosion a ainsi complètément nivelé la chaîne ancienne, laissant une surface parfaitement unie de laquelle émergeaient cependant des roches particulièrement dures comme les quartzites siluriens. Et ces saillies sont encore bien conservées, en certains points, et représentées par les arêtes rocheuses qui apparaissent au-dessus de la plaine, notamment chez les Oulad Saïd dans la région de Ben Sliman et que les indigènes appellent des *sokhrat*.

Les dépôts du Permo-Trias essentiellement détritiques, parfois torrentiels, ont été formés, sous un climat tropical, avec les matériaux provenant du démantèlement de la chaîne hercynienne; tandis que les mouvements orogéniques qui ont produit sa surrection se faisaient encore très légèrement sentir. Cela résulte en effet de l'allure des couches rouges dans la coupure des Ouad Mellah, Nefifikh et Oum er Rbeä; on les voit partout faiblement plissées et contrastant ainsi, autant avec l'allure très mouvementée du Paléozoïque qu'avec la parfaite horizontalité des couches infraliasiques.

La pénéplaine était formée avant la fin de l'époque triasique puisque les dépôts de cet âge reposent, en couches à peu près horizontales, en discordance sur les terrains primaires. Et, fait important, la Meseta marocaine n'a subi aucun phénomène de plissement depuis le début de l'ère secondaire; les phénomènes orogéniques ont laissé place aux phénomènes épirogéniques. C'est ainsi qu'au régime plissé a succédé un *régime tabulaire* qui constitue la principale caractéristique de cette vaste région du Maghreb.

Une grande lacune, comprenant tout le Jurassique et une partie du Crétacé, existe entre l'Infra-Lias et l'extrême base des dépôts transgressifs du Turonien ou du Cénomanien; puis une autre lacune embrasse la plus grande partie de l'ère tertiaire qui n'est représentée que par les sédiments pliocènes.

Il est important de remarquer que tous ces dépôts secondaires et tertiaires sont presque horizontaux ou tout au moins parallèles à la surface de la pénéplaine, laquelle a subi un léger mouvement de bascule l'inclinant vers le rivage actuel. Les mouvements épirogéniques se sont manifestés par des séries d'oscillations tantôt positives, tantôt négatives, de la Meseta marocaine.

Après la longue période d'émersion correspondant à la surrection de la chaîne hercynienne et à la formation de la pénéplaine, a succédé un mouvement négatif qui a immergé la région vers la fin de l'époque triasique et durant l'Infra-Lias. Une nouvelle oscillation positive a exondé la Meseta durant le Jurassique et le Crétacé inférieur; un deuxième mouvement négatif a permis la transgression continue de l'est vers l'ouest des mers du Crétacé moyen et supérieur. Une troisième exondation a formé le plateau des Mzamza et il n'est pas nécessaire d'invoquer un troisième mouvement négatif pour expliquer les dépôts peu profonds du Pliocène, d'origine essentiellement nérétique, car ils reposent généralement sur le soubassement primaire, ce qui explique l'érosion complète du Crétacé. La mer pliocène venait battre en falaise le plateau des Mzamza qui a atteint son altitude actuelle par l'émersion définitive des sédiments plaisanciens.

Il me paraît encore important de faire remarquer ici que le Pliocène est porté à des hauteurs qui peuvent atteindre 15o mètres *à sa base* tandis que dans la région du détroit de Gibraltar il se trouve à quelques mètres seulement au-dessus du niveau de la mer.

Après l'émersion du plateau crétacé de Settat, la Chaouïa a pris lentement, sous l'influence de l'érosion, son modelé définitif. Les vallées ont été creusées, intéressant d'abord le Crétacé, puis le Pliocène, enfin le soubassement primaire commun. C'est ainsi qu'ont pris naissance les *vallées surimposées* de l'Oum er Rbëa, de l'Ouad Mellah, de l'Ouad Nefifikh, de l'Ouad Cherrat et tous les cours d'eau sont encore loin d'avoir atteint leur profil d'équilibre à en juger par le régime quasi torrentiel de l'Oum er Rbëa, dont les nombreux biefs sont produits par les barrages transversaux de bancs parfois énormes de quartzites primaires ou de grès dévoniens.

Les dépôts pliocènes ont été, le long du rivage Atlantique presque partout enlevés, laissant à nu le substratum primaire complètement décapé, ce qui explique les côtes basses qui s'étendent entre Rabat et Mazagan.

Il en résulte que cette zone littorale, qui embrasse à la fois les environs de Casablanca, les saillies du Merchich et la plaine des tîrs, forme tout un ensemble irrégulier, d'altitudes toujours inférieures à 250 mètres et comprenant des plaines avec une série de collines peu élevées qui s'atténuent progressivement, depuis le Merchich jusqu'à la mer. Mais il me semble difficile de voir dans cette région littorale un plateau comparable à celui des Mzamza et situé à un niveau moins élevé.

Des voyageurs qui m'ont précédé M. Brives a admis que le Maroc occidental pouvait se subdiviser, au point de vue orographique, en une série de trois plateaux étagés [1]. Celui des Mzamza, qu'il appelle le plateau moyen est indéniable; mais je ne vois pas au-dessous, un plateau inférieur, et l'existence d'un plateau supérieur est encore plus discutable, car l'auteur même n'arrive pas à le définir.

On peut se faire une idée plus exacte du relief de la Chaouïa en se plaçant au point de vue géologique. Il est alors possible de distinguer :

1° *Des reliefs pliocènes* formant une bande continue ayant en moyenne une cinquantaine de kilomètres de largeur et s'étendant à toute la côte basse comprise entre Rabat et Safi. Ces reliefs plus ou moins ondulés offrent soit de vastes plaines comme celle des tîrs et celle des Doukkala, soit des régions ondulées mais peu accidentées. Leur altitude maxima n'atteint pas 250 mètres;

2° *Des reliefs secondaires* formés de couches marno-calcaires, à peu près horizontales, de l'Infra-Lias et du Crétacé qui dessinent de vastes plateaux dont celui des Mzamza offre l'un des types les plus réguliers. Ce dernier se prolonge très loin vers le Sud-Est, dans le Tâdla, toujours avec les mêmes caractères de modelé;

3° *Des reliefs primaires* provenant de la dénudation par érosion du soubassement des formations à peu près horizontales du secondaire et du tertiaire. Ce dernier aspect de terrain apparaît non seulement dans les régions de « sokhrat », mais surtout dans le

---

[1] *Bull. Soc. géog. Alger,* 3° trim. 1902, et *Bull. Com. Afr. franç.,* 1905

massif des Mdakra et du Mqarto, dont le relief accidenté contraste avec celui des régions avoisinantes et rappelle le plateau de l'Ardenne ou la Corrèze.

En dehors de la Chaouïa, les hauteurs des Djebel Lakhdar et des Skhour appartiennent à ces reliefs anciens.

APPLICATIONS.

Le sol de la Chaouïa fait partie de la zone littorale du Maroc occidental dont la fertilité est aujourd'hui très connue.

Les voyages du Dr Weisgerber ont, pour la première fois, attiré l'attention du monde scientifique sur la richesse de cette région et, après lui, des géographes, des géologues, notamment M. Theobald Fischer et M. Brives, ont essayé d'expliquer l'origine de ces sols ou *tírs*, associés à d'autres terres comme les *mtírsa*, les *hamri*, les *remla*, dont l'importance agricole est encore très grande.

Mais à la théorie éolienne du géographe allemand Fischer qui voulait y voir des terres amenées par le vent, à celle de M. Brives qui attribue les terres noires à des dépôts de fonds de marais, j'ai cru devoir opposer, à la suite de mon voyage à Marrakech à travers les Doukkala et d'une excursion aux environs de Casablanca, sous la protection des armes du général Drude, une thèse toute différente, qui invoquait à la fois un phénomène de géologie et une question climatique.

J'ai démontré comment les *tírs* et les *hamri* résultent, dans les environs de Casablanca, de la décalcification des calcaires et des grès calcarifères pliocènes sous l'influence d'une végétation puissante.

Mes longues randonnées à travers la Chaouïa m'ont permis de constater que ce mode de formation s'étend, sans restriction, à tout l'ensemble des dépôts pliocènes qui s'arrêtent au pied occidental du plateau des Mzamza. Mais mon interprétation est plus générale encore que je ne l'avais pensé, car la décalcification intéresse, non seulement les sédiments calcaires pliocènes, mais encore des calcaires gréseux et marneux du Crétacé.

On voit, en effet, les *tírs* s'étendre sur ce plateau où ils sont généralement plus argileux, parce que les calcaires aux dépens desquels ils se sont formés sont moins gréseux et plus marneux; et il est frappant de constater que partout où affleurent des argiles, des schistes et des grès, les terres fertiles font complète-ment défaut.

La carte de la Chaouïa permettra donc de délimiter dans cette partie du Maroc occidental les *régions de tîrs*.

De plus, la zone d'extension de ces terres s'arrête à la limite du climat atlantique.

C'est, en effet, grâce à ce climat humide, qui a favorisé le déve-loppement d'une végétation herbacée des plus vigoureuses, que la décalcification des sols s'est produite et cela malgré des précipita-tions atmosphériques assez faibles, puisque la moyenne des pluies sur la côte ne dépasse guère 5oo millimètres. Mais on est frappé, dans ce pays, de l'humidité de l'atmosphère qui marque souvent à l'hygromètre, surtout en été, un état de saturation. Aussi est-on sur-pris, après avoir parcouru durant la saison sèche un pays complè-tement nu, d'y voir, en hiver et au printemps, des herbes serrées et très hautes, qui croissent avec une vigueur vraiment extraordinaire.

On pouvait donc s'attendre à la disparition de cette végétation et de ses conséquences en s'éloignant du littoral et c'est ce que j'ai constaté en allant vers le Tâdla. Les terres noires du plateau des Mzamza diminuent insensiblement pour laisser place, d'abord à des terrains de pâturages, qui deviennent de plus en plus maigres et disparaissent peu à peu complètement en approchant de la Zaouïa de Boujad, pour ne laisser apparaître qu'un sol de pierres

Ainsi les *tîrs* proviennent de l'accumulation sur place des terres de décalcification et des débris d'une végétation herbacée dont le dévelop-pement est lié au climat humide de la zone atlantique. Je montrerai plus tard, avec détails, comment ils doivent être rapprochés, à ce point de vue des *tchernozom* ou terres fertiles de la Russie [1].

J'ajouterai seulement quelques mots au sujet des conséquences pratiques de la genèse des terres fertiles marocaines.

La production des terres noires est incomparable. Ces sols ne pourront pas facilement s'épuiser par des cultures répétées, mais ils gagneraient beaucoup à être mis en jachère de temps en temps

---

[1] Je dois à l'extrême obligeance de M. Müntz, de l'Institut, un certain nombre d'analyses d'échantillons de terres noires que j'ai prélevées parmi les sols de la Chaouïa. Ces analyses seront discutées un peu plus tard, mais je me fais un devoir d'exprimer, dès à présent, à cet éminent maître, ma plus respectueuse reconnaissance pour le bienveillant intérêt qu'il veut bien porter à mes recherches.

ne serait-ce que pour éviter leur disparition sous les ravages des eaux superficielles.

Le *tirs* en effet, a une épaisseur très variable, depuis quelques décimètres à peine jusqu'à plusieurs mètres et j'ai signalé des cas dans les Doukkala où, d'après les indigènes, des puits assez profonds sont complètement creusés dans la terre noire.

Il faut expliquer ces variations d'épaisseur par un entraînement constant, sous l'influence du ruissellement, de la terre végétale qui est ainsi emportée par les *cours* d'eau vers la mer, ou bien qui s'accumule dans les dépressions.

La mise en jachère aurait l'avantage d'arrêter momentanément cette dénudation et de réparer, à la condition d'être répétée assez souvent, les pertes subies par les terres cultivées sous l'influence des pluies orageuses. D'autres précautions seraient à prendre, notamment celle de border les vallées ou les ravins de petits bois ou d'arbustes qui auraient l'avantage d'éviter l'entraînement vers les ouad.

On peut constater que partout, dans les régions un peu accidentées, les terres de décalcification ont presque totalement disparu sur les pentes tant soit peu raides. Les moindres crêtes laissent percer le calcaire du soubassement, tandis que les dépressions non parcourues par les eaux superficielles montrent une épaisseur plus grande de terre noire.

La plaine des *tirs*, qui n'offre en rien les caractères d'une plaine d'alluvions, est légèrement ondulée, et partout les sommets des mamelons laissent pointer la roche sous-jacente.

Les effets néfastes du ruissellement pourraient paraître douteux si l'on se rapporte à la quantité relativement faible des pluies dans ces contrées; mais il convient de remarquer qu'elles se produisent dans la zone littorale atlantique par saccades. Des mesures météorologiques effectuées en divers points de la côte montrent que les journées pluvieuses de l'année sont peu nombreuses.

Une autre circonstance contribue à la fertilité des *tirs,* dans le Maroc occidental et en particulier dans la Chaouïa, c'est la formation constante d'une nappe aquifère assez peu profonde [1].

J'ai antérieurement insisté sur son rôle important pour la richesse

---

[1] Louis GENTIL, *De l'origine des terres fertiles du Maroc occidental* (*C. R. Ac. Sc.*, 3 fév. 1908).

du pays et sur sa grande extension à la base des calcaires pliocènes. Elle existe aussi dans les calcaires plus anciens du plateau des Mzamza. Elle a le don d'entretenir dans le sol une humidité qui contribue fortement à combattre la sécheresse de l'atmosphère dans les journées les plus chaudes.

Aux environs de Casablanca, cette nappe est à des profondeurs faibles, parfois même elle affleure dans les dépressions en entonnoir que je regarde comme produites par une véritable dissolution des roches sédimentaires calcaires, au moment de l'infiltration des eaux pluviales.

Le problème de l'alimentation de Casablanca en eau potable semble de ce fait très simple; mais il est rendu un peu complexe par la salure souvent très sensible de ces eaux souterraines. J'ai fait remarquer que cette salure est fort heureusement variable et qu'il serait facile de trouver, parmi les nombreuses émergences de la nappe, des points susceptibles d'être utilement captés pour l'alimentation de la ville.

J'ai émis à cette époque l'hypothèse que la salure de la nappe aquifère devait tenir au contact local et irrégulier de terrains salifères comme le Trias, qui est généralement chargé de sel gemme, en beaucoup de points du Maroc, notamment dans l'Atlas. Mes recherches récentes semblent la confirmer, puisque j'ai trouvé dans les vallées de l'Oum er Rbëa et de l'Ouad Mellah des dépôts salifères ayant les caractères que je viens de citer. Et ce terrain existe partout dans le sous-sol de la plaine des tîrs, ainsi qu'en témoignent les nombreux puits creusés par les indigènes et le sondage artésien effectué à Ber Rechid.

A ce sujet, je ne crois pas que, à quelque profondeur que ce soit, un forage puisse atteindre dans ces régions une *nappe artésienne*, c'est-à-dire une nappe jaillissante. J'ai indiqué, en effet plus haut, comment les terrains secondaires, qui reposent directement sur les schistes primaires imperméables, sont disposés en couches horizontales, parce que la Chaouiâ n'a pas été plissée depuis la fin des Temps primaires. Il en résulte qu'on ne peut espérer trouver, dans ces régions, de cuvettes susceptibles de former, en profondeur, une nappe d'infiltration capable de s'élever par sa propre force hydrostatique. Pour ces raisons, je crois qu'il faut renoncer à tout espoir de nappe ascendante en quelque point que ce soit de la zone d'occupation et en particulier dans la plaine des tîrs.

Mais le « problème de l'eau » n'en est pas plus compliqué pour cela, car la nappe souterraine est toujours peu profonde. En particulier à Ber Rechid, elle se trouve à environ 18 mètres de profondeur. Elle est très importante et il serait facile de l'élever à l'aide de moteurs quelconques, voire même avec des éoliennes qui fonctionneraient très facilement dans un pays où la brise de mer souffle la plus grande partie du jour.

La question du sol, dans le pays qui nous occupe, joue un rôle capital au point de vue de ses divisions politiques.

On peut dire que le Maroc comprend autant de groupements qu'il a de régions naturelles, c'est-à-dire de provinces ayant les mêmes ressources du sol.

La Chaouîa forme une de ces régions, caractérisées par une structure géologique et par un climat bien délinis et dont j'ai fait ressortir plus haut les principaux traits. Ou du moins elle représente une partie d'une de ces divisions naturelles du Maghreb, nettement découpée au sud-ouest, et au nord-est par les profondes vallées de l'Oum er Rbëa et de l'Ouad Cherrat qui constituent, dans un pays mal organisé, des barrières suffisantes pour délimiter une province politique.

Vers le sud-est, une telle frontière n'existe pas et la nature du sol se poursuit géologiquement identique à elle-même, sur d'immenses étendues vers le Tàdla. Mais si les terrains deviennent constants de ces côtés le climat change et, avec l'humidité de la zone atlantique, disparaissent les terres noires. Aussi faut-il s'attendre à voir la Chaouîa se prolonger avec ses terres fertiles et se restreindre à la *zone des tîrs*. Et, en effet, au delà des Mzamza, en arrivant dans les Ourdira, on constate la disparition de ces tîrs et l'on commence à fouler le sol pierreux de la gada.

Les Beni Meskin, qui jouissent encore du privilège des terres noires, semblaient échapper à la règle que je viens de citer, puisque cette grande tribu a été considérée, à la suite des récits de quelques voyageurs, comme située en dehors de la Chaouîa. Mais cette exception n'est qu'apparente et si l'on s'en rapporte au témoignage des indigènes de cette tribu, il faut considérer les Beni Meskin comme des *chaouîa* et non comme des *tàdla*.

Il est regrettable que cette constatation n'ait pas été faite avant la campagne de Casablanca, elle aurait permis la prompte répression des Beni Meskin qui n'ont cessé d'exciter contre nous les tribus qui avaient fait loyalement leur soumission. Et elle aurait peut-être mis fin aux critiques injustifiées de ceux qui voyaient constamment nos troupes sortir des limites qu'on leur avait assignées.

II

MAROC SEPTENTRIONAL.

J'ai été amené à étendre plus loin les recherches que j'avais poursuivies en 1907, au sud de Tanger, à la demande de M. Porché, Ingénieur des ponts et chaussées, délégué par le Corps diplomatique comme directeur des travaux publics du Makhzen. Mon très distingué compatriote désirait avoir un complément d'études sur la question des eaux d'alimentation de Tanger dont je m'étais précédemment occupé.

Il s'agissait d'explorer tout le plateau du R'arbya et, malgré la mauvaise volonté manifeste du représentant chérifien, j'ai pu aller jusqu'à Arzila, traverser dans tous les sens la région littorale jusqu'à l'Oued es Sahel dans les Bdaoua.

Cette excursion m'a d'abord donné l'occasion de compléter, en certains points, une esquisse de carte géologique que j'ai dressée sur le Maroc septentrional. J'ai, de plus, trouvé dans les calcaires gréseux du plateau du Cherf el Aqab, auprès de l'Aïn el Hammam, une faunule qui précise l'âge pliocène que je leur avais antérieurement attribué.

Je puis notamment signaler [1] :

Aequipecten scabrellas Lmk.	*Pecten* sp.
Aequipecten bollenensis May.	*Chlamys multistriata* Poli.
Aequipecten sp.	*Ostrea* sp.
Pecten du gr. de *benedictus* Lmk.	Polypiers, Bryozoaires, Balanes.

L'*Aequipecten bollenensis* caractérise ce niveau comme celui des argiles et grès de Tétouan.

Il y a interruption entre les grès coquilliers du Cherf el Aqab et ceux de la Grotte d'Hercule, ce qui semble résulter de l'existence

[1] Les fossiles pliocènes que j'ai recueillis dans ces gisements, ainsi que les faunes néogènes que j'ai réunies d'autres régions du Maroc, seront l'objet d'une description paléontologique de la part de mon jeune et savant ami Jean Boussac.

entre ces deux points de la côte atlantique d'un ancien promontoire s'avançant dans la mer pliocène.

De plus, la présence de petits affleurements de ces dépôts en plusieurs points sous les alluvions de l'Ouad Mharhar indique que la mer néogène formait golfe de ce côté et que la vallée était déjà creusée à peu près à la même place, dès le début du Pliocène.

Le plateau du R'arbya s'étend le long de la côte, sur la rive gauche de l'Ouad el Hachef, formant un vaste plan légèrement incliné vers le rivage, large de 10 kilomètres au plus et se poursuivant vraisemblablement au moins jusqu'à Larache. Il est assez profondément entaillé par une série de vallées plus ou moins normales à la côte.

Il offre partout la même structure :

1° Des argiles bleuâtres, très délitables, reposant sur un soubassement d'argiles schisteuses et de grès éocènes qui forment la bordure orientale de cette région naturelle.

2° Au-dessus des grès calcarifères plus ou moins argileux, parfois très coquilliers, dont l'épaisseur peut atteindre une trentaine de mètres.

Les vallées découpent presque, à sa base, l'entablement gréseux du plateau, mettant à nu les argiles sous-jacentes. Il m'est impossible de dire si ces dernières, dont l'épaisseur visible dépasse 40 mètres en certains points, notamment dans la vallée de l'Ouad Mharhar, appartiennent à la même formation; et je ne serais pas surpris que des recherches minutieuses conduisent à séparer une partie inférieure, qui serait miocène, de la partie supérieure qui passe insensiblement aux grès calcarifères et sont incontestablement pliocènes.

J'ai, en effet, recueilli au-dessous de Dchar Jedid, dans la vallée de l'Ouad el Hachef (O. Kharoub) les débris d'une faune de mollusques dont j'avais signalé les vestiges près de là en 1907.

Elle renferme :

Lissochlamys perstriatula Sacco.	*Glycimeris* sp.
Pecten plano-medius Sacco.	*Venus gigas* Lmk.
Pecten benedictus Lmk.	*Cardium paucicostatum* Sow.
Æquipecten bollenensis Font.	*Pectunculus* sp.
Ostrea edulis L.	*Syndesmia prismatica* Lask.
Ostrea digitalina Dubois.	

L'association des trois espèces de Pecten précitées exclue le Miocène et indique un Pliocène ancien. Les argiles bleues se montrent surtout fossilifères là où elles sont sableuses, formant passage aux grès calcarifères supérieurs.

Les débris de mollusques ne sont pas rares dans ces grès. Le plus souvent on y trouve, avec le *Pecten plano-medius* Sacco, presque constant :

Ostrea edulis L. avec des variétés de cette espèce connue.
Ostrea edulis L. var, *italica* Defr.

O. edulis L. var. *foliosa* Brocchi.
O. edulis L. var. *pseudo-cochlear* Sacco.

Ailleurs, et souvent à un niveau stratigraphique un peu plus élevé, les grès calcarifères plus ou moins argileux se chargent de débris de coquilles et aux Huîtres sont associés de nombreux Pectinidés. C'est ainsi qu'à 5 kilomètres au nord d'Arzila, non loin de la côte, on trouve dans la vallée de l'Ouad es Sahel une sorte de falun argileux à Pectinidés où j'ai recueilli les espèces suivantes :

Pecten plano-medius Sacco.
Pecten cf. *Reghiensis* Seq.
Pecten Jacobæus Lmk.
Aequipecten scabrellus Lmk.
Aequipecten bollenensis Font.
Aequipecten opercularis L.
Chlamys multistriata Poli.

Radula lima L.
Cardium multicostatum Br.
Tellina (Arcopagia) crassa Pennant.
Ostrea edulis L. var, *italica* Sacco.
Balanes.

Cette faune est plaisancienne et, quoique beaucoup moins riche que celle de Tétouan, elle caractérise nettement le même horizon stratigraphique.

Il est intéressant de constater que, depuis les Grottes d'Hercule, la côte marocaine est bordée de dépôts néogènes qui représentent toujours le même horizon du Pliocène ancien (Plaisancien). Nous verrons plus loin que ce niveau stratigraphique se poursuit bien au delà d'Arzila, à Rabat et dans la Chaouïa. Je ferai remarquer, en outre, que jusqu'au plateau du R'arbya ces dépôts tertiaires sont portés à une altitude très faible; leur base se trouve à 10 mètres au plus au-dessus du niveau de la mer.

J'ai fait la même constatation à Tétouan dont le riche gisement pliocène est comparable à ceux du R'arbya et par l'âge et par le faciès des dépôts et par la hauteur à laquelle ils sont actuellement portés.

Si l'on songe d'autre part que les dépôts synchroniques du littoral algérien atteignent des altitudes de 200 mètres on est autorisé à voir dans ces faits une nouvelle preuve que la région du détroit de Gibraltar doit être considérée, ainsi que je l'ai déjà fait remarquer, comme une zone d'ennoyage.

APPLICATIONS.

Ainsi que je le disais plus haut j'ai étendu mes recherches, au cours de cette mission, à tout le plateau du R'arbya, principalement en vue d'apporter à M. Porché un complément d'étude pour la question capitale de l'alimentation de Tanger en eau potable.

La nappe aquifère du Cherf el Aqab dont j'avais préconisé le captage l'an dernier offre l'inconvénient — que j'avais d'ailleurs fait ressortir — de se trouver à une altitude de 10 à 15 mètres seulement alors que les hauteurs de la ville diplomatique atteignent la cote 65.

M. Porché et son adjoint M. l'Ingénieur Liorens ont, en septembre dernier, vérifié mes observations. Ils ont choisi cette époque de l'année afin de s'assurer, avant les premières pluies, du débit minimum de la nappe, qu'ils ont évaluée par des jaugeages directs. Non seulement ils ont confirmé le débit minimum de 2,000 mètres cubes par jour que j'avais indiqué mais ils croient pouvoir l'élever à 3,000.

Seule la question de l'altitude faible du plateau du Cherf offre le désavantage de nécessiter un refoulement des eaux pour les amener à la ville.

M. Porché a pensé qu'il serait peut-être possible d'obvier à cet inconvénient grave en allant chercher plus au sud une autre nappe dont j'avais fait entrevoir l'existence dans mon rapport de mission de 1907.

Le plateau du R'arbya recèle, en effet, une nappe souterraine fort importante. Les calcaires gréseux qui forment sa surface reçoivent une quantité d'eau considérable qui s'infiltre jusqu'au contact imperméable des argiles sous-jacentes et ces eaux donnent lieu à de nombreuses émergences dont le captage serait très facile. C'est à des sources de cette origine que les Romains puisaient les eaux potables nécessaires à la ville d'*Ad Mercuri*, qu'ils avaient édifiée sur la rive droite de l'Ouad el Hachef.

Malheureusement, la nappe du R'arbya tout en étant plus élevée que celle du Cherf el Aqab ne l'est pas suffisamment pour être amenée, par simple pesanteur, jusqu'à Tanger. Elle ne peut guère dépasser 35 à 4o mètres en ses points d'altitude maxima.

M. Porché avait basé ses espérances sur la seule carte existante de la région qui donne une idée assez inexacte du modelé. Au lieu du relief mamelonné qu'elle indique, on se trouve en présence du plateau régulier que j'ai décrit entaillé par les nombreuses petites vallées qui débouchent à la mer.

En résumé, la nappe du plateau du R'arbya ne peut, en aucune façon, supplanter celle du Cherf el Aqab, car bien moins qu'elle, étant donnés les avantages offerts par cette dernière, elle ne répond aux exigences du problème.

Mais les eaux d'autres niveaux aquifères produits par l'infiltration des eaux pluviales dans les grès éocènes et ayant par conséquent la même origine que les eaux de Boubana, aux abords de Tanger, pourraient *peut-être* être captées à des altitudes suffisantes (une centaine de mètres) pour être amenées par simple gravitation jusqu'à la ville diplomatique.

L'Éocène supérieur avec ses gros bancs de grès affleure en effet tout autour du plateau du R'arbya, dans la région montagneuse des Beni Arous et des Beni Mçaouar, et des sources importantes naissent au contact de ces grès et des argiles schisteuses qui les supportent.

Il m'a été impossible de juger leur débit à cause des pluies abondantes qui ont précédé mon exploration de la région. J'ai seulement acquis la certitude que les nappes éocènes susceptibles d'être captées de ces côtés se trouvent à une distance d'une cinquantaine de kilomètres de Tanger, alors que celle du Cherf el Aqab n'est qu'à 18 kilomètres de la ville.

Si l'on songe en outre à la question de sécurité on se rend aisément compte que des travaux effectués dans la région d'Arzila seront toujours plus difficiles à protéger qu'une conduite et une usine installées au plateau du Cherf. Il serait facile, en effet, d'étendre jusqu'à ce dernier point l'action de la police extra-urbaine, tandis que le R'arbya sera longtemps peut-être exposé aux coups audacieux de tribus aussi turbulentes que celles des Beni Arous et des Beni Mçaouar.

Si donc l'alimentation de Tanger est, parmi les questions de travaux publics au Maroc une de celles qui nécessitent la plus prompte solution, et si l'on songe en outre à tous les avantages offerts par les eaux du Cherf el Aqab — qui jouissent en particulier de la qualité importante entre toutes, celle de se présenter en état d'innocuité parfaite — le captage de ses eaux semble devoir s'imposer. D'autant plus que la nappe aquifère du plateau de R'arbya et celle des grès éocènes avoisinants pourraient être considérées comme la réserve d'avenir à laquelle la ville diplomatique ferait forcément appel du jour où sa population serait accrue au delà des limites prescrites par la consommation totale des eaux du Cherf.

C'est ce que MM. les ingénieurs du Makhzen semblent avoir admis si j'en juge du moins par le plein accord qui existait, après ma récente exploration dans la région d'Arzila, entre M. Porché et moi, sur l'éventualité de la solution suivante :

La nappe du Cherf el Aqab pourrait être captée et ses eaux refoulées à une cinquantaine de mètres de hauteur par une machine élévatoire. L'eau serait amenée par une conduite de 15 à 18 kilomètres, susceptible d'admettre un plus fort débit que celui du plateau du Cherf et de supporter une pression supérieure à celle qui serait indispensable pour élever les eaux à 65 mètres. Plus tard, si les besoins de Tanger augmentaient par suite de son extension probable, il suffirait de brancher au Cherf el Aqab une nouvelle conduite amenant des eaux qui, dans des régions littorales beaucoup plus lointaines, existent peut-être à des altitudes suffisantes pour permettre la suppression de l'usine élévatoire qui n'en aurait pas moins rendu les services immédiats qu'exige la situation précaire actuelle de Tanger.

III

MASSIF DES BENI SNASSEN.

Le massif des Beni-Snassen émerge entre la frontière algérienne et la Moulouya. Bien limité au nord par la plaine des Trifa, au sud par la plaine des Angad, il apparaît comme un bombement elliptique dont les axes atteignent 25 et 80 kilomètres environ.

Bien que se reliant à la chaîne du Djebel Mazziz et du Filhaoucen par le col du Guerbous du côté de l'Algérie, au Rif ou au Moyen-Atlas par la coupure de la Moulouya vers l'ouest, il n'en offre pas moins une individualité orographique bien marquée.

Son point culminant, le Ras Four'al, s'élève à 1,534 mètres et le massif apparaît avec deux aspects différents au nord et au sud.

Du côté de la plaine des Trifa, dont l'altitude moyenne ne dépasse pas 100 mètres, les vallées entaillent profondément la couverture jurassique atteignant même, dans leur cours supérieur, l'ossature ancienne de la chaîne. Ainsi s'explique l'altitude très faible de leur niveau de base à leur confluent avec l'Ouad Kiss et avec l'Ouad Moulouya.

Sur le versant méridional les ouads ont un niveau de base beaucoup plus élevé, par suite de l'altitude plus grande de la plaine des Angad, dont la hauteur ne descend guère au-dessous de la cote 600. Il en résulte que les vallées du revers sud du massif sont beaucoup moins étendues que celles du versant nord parce que, leur vitesse de creusement étant bien moindre, elles sont destinées à être capturées par ces dernières.

De beaux exemples sont offerts de cette évolution du réseau hydrographique de la chaîne des Beni Snassen notamment par l'Ouad Sfrou et l'Ouad Ouberkan. La configuration de la chaîne est telle que les vallées du flanc méridional sont destinées à être décapitées au profit des affluents de l'Ouad Kiss et de l'Ouad Mou-louya qui se dirigent vers le nord.

A. STATIGRAPHIE.

J'ai signalé les premières données stratigraphiques connues sur la région montagneuse des Beni Snassen à la suite de mes recherches durant l'été 1907 [1].

Un voyage de quelques semaines m'a permis de traverser le massif dans tous les sens et d'y observer toute une série stratigraphique primaire, secondaire et tertiaire que j'ai signalée dans deux notes déjà parues [2].

[1] Voir à ce sujet : Rapport sur une mission géologique au Maroc, déc. 1907. *Nouv. arch. Missions scientif.*, XVI, p. 189-216, et *Recherches stratigraphiques sur le Maroc oriental*, C. R. Acad. Sc., 24 fév. 1908.

[2] Esquisse géologique du massif des Beni Snassen. *B. S. G. F.*, (4°), VIII, p. 391-417, pl. VII-IX.

I. Terrains primaires.

Ils sont représentés par des schistes intercalés de grès siliceux. Les schistes sont argileux noirs et chargés de matière charbonneuse quelquefois lustrés. Ils pourraient en certains points donner des ardoises peut-être exploitables et sont actuellement utilisés par les indigènes comme pierres tombales. L'ensemble schisto-gréseux doit être classé, provisoirement tout au moins, dans le Silurien. On y observe la prédominance des grès transformés en quartzites blancs, roses ou bruns, à la base; tandis que cette puissante série se termine par les schistes ardoisiers intercalés, de loin en loin, par des bancs de quartzites noirâtres.

Par analogie avec ce que j'ai observé dans le Haut-Atlas où j'ai trouvé des Graptolithes et dans le Rif occidental, je suis amené à placer les schistes ardoisiers dans le Gothlandien, l'ensemble plus gréseux des assises sous-jacentes pouvant représenter l'Ordovicien et peut-être aussi le Cambrien. Mais de nouvelles recherches s'imposent qui pourraient aboutir à la découvertes de documents paléontologiques.

Ces terrains anciens affleurent dans la partie la plus élevée du massif des Beni Snassen, au Ras Four'al. Le ballon du Djebel Bou Zabel (1,435 m.) en est constitué. De même ils apparaissent au bord de la plaine des Angad à la faveur de plissements que je décrirai plus loin.

Je n'ai pas constaté la présence de dépôts carbonifères dont j'ai fait ressortir l'importance plus au sud, dans la chaîne des Beni-Bou-Zeggou, pas plus que celle des conglomérats et des argiles permiens qui se montrent dans l'est, dans le massif algérien des Trara.

II. Terrains secondaires.

1° **Trias.** — Les dépôts secondaires semblent débuter par un Trias lagunaire formé de marnes rougeâtres, à cristaux de gypse, mais cette détermination est douteuse à cause de l'exiguïté de l'affleurement que j'ai observé dans la vallée de l'Oued Sfrou et par suite de l'absence complète de fossiles.

2° **Lias.** — D'une manière générale la série secondaire débute
par le Lias qui montre ici comme plus au sud dans la chaîne des
Beni Bou Zeggou et, à l'est, dans les Trara, une constance lithologique remarquable. On y observe de bas en haut la succession que
j'ai déjà observée dans mon précédent rapport[1] et qui peut ainsi
se résumer :

   a. Conglomérats et grès argileux rouges,
   b. Calcaires massifs gris, bleuâtres ou blancs,
   c. Calcaires en dalles intercalés de lits marneux,
   d. Marno-calcaires gris ou rougeâtres.

L'ensemble représente une puissance qui atteint et même dépasse
400 mètres.

J'ai montré que l'assise inférieure doit être considérée comme
un conglomérat de base formé aux dépens des terrains primaires
ou des roches éruptives sous-jacents[2].

L'assise suivante est généralement formée d'un calcaire zoogène
compact, débutant fréquemment par une brèche et passant parfois
à des calcaires magnésiens ou à de vraies dolomies. Des silex bruns
et noirs sont fréquemment englobés à la partie supérieure de ces
calcaires massifs.

Les silex prennent leur maximum de développement dans les
calcaires en dalles. Ces derniers sont formés de calcaires bleus, en
bancs de quelques décimètres d'épaisseur, intercalés de lits marneux qui prennent de plus en plus d'importance à mesure qu'on
s'élève verticalement dans la série qui se termine par des marno-
calcaires à Céphalopodes.

Tout cet ensemble débute par la zone à *Amaltheus margaritatus*
du Lias moyen et comprend le Domérien, le Toarcien et très
vraisemblablement l'Aalénien.

J'ai pu, en effet, montrer que cette puissante série calcaire et
marneuse comprend deux faunes, l'une du Lias moyen, l'autre
du Lias supérieur.

J'ai trouvé la faune la plus ancienne aux environs immédiats
d'Oujda, au Djebel el Hamra. Elle est représentée par de rares
Céphalopodes, des Brachiopodes et des Lamellibranches peu abondants qui se trouvent dans le conglomérat de base et à la partie la

---

[1] *Loc. cit.*, p. 203-204.
[2] C. R. Acad. sc., *loc. cit.* et *Rapport*, p. 204.

plus inférieure des calcaires massifs. J'ai réuni après des recherches patientes les espèces suivantes :

Amaltheus margaritatus Montf.,
— *ruthenensis* Reyn.,
Zeilleria subnumismalis Davidson,
Terebratula punctata Sow.,
T. cf. *subpunctata* Sow.,
Rhynchonella tetraedra Sow.,

Rh. cf. *Rosenbuschi* Haas.,
Rh. curviceps Quenst.,
Rh. cf. *Schimperi* Haas,
Gryphæea obliqua Goldf.,
Pecten strionatis Quenst.,
Lima du gr. de *L. gigantea* Sow.

Cette faune appartient à la zone à *Amaltheus margaritatus* du Lias moyen.

La partie inférieure du Lias moyen et le Lias inférieur font donc défaut au Djebel el Hamra et dans tout le massif des Beni Snassen.

Les gisements à Céphalopodes du Toarcien sont assez fréquents ; j'en ai fouillé plusieurs à Aïn Ar'bal, à Tazarin au bord de l'Ouad Beni Ouaklan, dans l'Ouad Beni Amir et dans la vallée de l'Ouad Moulaï Idriss.

Les échantillons sont assez abondants malgré un nombre relativement restreint d'espèces et tous ces gisements fournissent la même faune. Je puis signaler, d'après l'ensemble de mes récoltes :

Phylloceras Nilssoni Heb.,
— *Spadae* Mengh.,
— *Gajärii* Gyula,
— *Partschi* Reyn.,
— cf. *Capitanei* Cat.,
Lytoceras dorcadis Menegh.,
Lytoceras sp.,
Hildoceras bifrons Brug.,
— *Mercati* Hauer
— *Levisoni* Simps.,
— (*Arietites*) *Caterinae* P.,
Lillia Bayani Dum.,
— *comensis* de Buch,
— *Erbaensis* Hauer,
Harpoceras concavum Sow.,
— *cumulatum* Hyatt.,
— *variabile* d'Orb.,
Hammatoceras insigne Schübl.,

Grammoceras fallaciosum Bayle,
— *fallaciosum* var. *Cottestwaldiae* S. Buck.,
— *Saemanni* Opp. in Dum.,
Cœloceras (*Peronoceras*) *subarmatum* Y. et B.,
— *acanthopsis* d'Orb. avec variétés,
— *crassum* Phil.,
— *Desplacei* d'Orb.,
C. Taramellii P. et V.,
Nautilus latidorsatus d'Orb.,
Belemnites indét.,
Aulacoceras Guidonii Menegh.,
— *indanense* Menegh.,
Rhynchonella sp.,
Pecten sp.,
Lima sp.

Mes recherches dans le massif des Beni Snassen confirment, en ce qui concerne les terrains liasiques, les conclusions auxquelles j'étais arrivé dans la région d'Oujda et la zone frontière de l'Oued Kiss.

1° Le conglomérat de base marque, ici comme ailleurs dans les régions occidentales du Tell algérien, la *transgression mésoliasique*;

2° Les dépôts liasiques superposés comprennent le Domérien, le Toarcien et très vraisemblablement aussi l'Aalénien; ce dernier serait représenté par les marno-calcaires sans fossiles superposés aux couches riches en Céphalopodes;

3° La rareté des *Phylloceras* et des *Lytoceras* dans tous les gisements que j'ai explorés, comparée à l'extrême abondance des *Hildoceras*, souligne la remarque que j'ai faite à propos des gisements analogues des Trara[1] à l'est de la frontière.

Depuis, M. Robert Douvillé a fait la même remarque à propos de gisements toarciens d'Andalousie[2].

Elle semble ainsi s'étendre à toute la Méditerranée occidentale et elle indique des dépôts de mer moins profonde que ceux de l'*Ammonitico rosso* de l'Apennin et de la Lombardie.

Le Lias joue un rôle important dans l'orographie du massif des Beni Snassen, entre l'Aïn Taforalt et le col du Guerbous. Il affleure même au sommet du Ras Four' al, tandis qu'il a disparu par érosion dans la partie la plus saillante de la chaîne. Dans l'ouest il s'enfonce sous une couverture de terrains jurassiques.

3° **Bajocien.** — Aux dépôts du Lias succède toute une série d'assises dont la plus complète se montre dans la vallée de l'Ouad Beni Amir, près d'Aïn Taforalt.

Cette série débute par le Bajocien formé de marnes grises ou blanchâtres, dures, schisteuses, intercalées de bancs de calcaires marneux gris ou noirâtres, également schisteux. Cette assise repose en concordance sur le Lias supérieur et sa puissance totale est d'environ 60 mètres.

J'ai trouvé deux gisements fossilifères de cet âge dans la vallée

[1] Voir à ce sujet Louis GENTIL, *Esquisse stratigraphique et pétrographique du bassin de la Tafna*, Alger, thèse de doctorat, p. 55.

[2] *Esquisse géologique des Préalpes subbétiques* (Partie centrale). Paris, 1906, p. 46-47.

de Beni Amir et plus à l'est, à Beni Ahmed Tanout. Ils m'ont fourni une faune caractérisant la zone à *Cœloceras garantianum* et représentée par les espèces suivantes :

Cœloceras garantianum (?) d'Orb, échantillon déformé;

— *Daubenyi* Gemm.;

— *plicatissimum* Quenst. (= A. *Humphriesianus plicatissimus*);

Perisphinctes cf. *Martiusi* d'Orb.);

Phylloceras cf. *mediterraneum* Neum.;

Lytoceras adeloides Kud.;

Glossothyris pteroconcha Gemm.;

Rhynchonella defluxa Opp.

Dans la partie la plus élevée de ce gisement on trouve, en abondance, une Posidonie offrant, dans le jeune âge, les côtes de *Posidonomya Dalmasi* Dum. C'est une espèce intermédiaire entre cette dernière et *Posidonomya alpina* A. Gras. Ces deux coquilles sont d'ailleurs vraisemblablement associées dans les Beni Snassen comme elles le sont dans les Alpes.

La valeur stratigraphique des Posidonies est très relative, mais les faunules à Céphalopodes que j'ai recueillies ne laissent guère de doute sur l'âge des couches qui les renferment et qui appartiennent au Bajocien supérieur.

4° **Bathonien et Callovien**. — L'assise marno-schisteuse bajocienne se poursuit sur une hauteur verticale d'une trentaine de mètres au moins, et cette épaisseur correspond très vraisemblablement au Bathonien et au Callovien; mais je n'y ai pas trouvé de fossiles.

Dans les Beni Snassen la succession des couches du Lias et du Jurassique que je viens de décrire se montre comme dans les Trara et dans le Santa-Cruz d'Oran.

J'avais antérieurement (thèse de doctorat) placé les couches à Posidonies de ces deux massifs dans le Callovien, par suite d'une analogie avec les couches calloviennes des Alpes où *Posidonomya alpina* est fréquent. Mais la découverte de la faune de Beni Amir et de Beni Ahmed Tanout montre qu'il faut donner aux marnes schisteuses à Posidonies, d'Oran et des Trara, une interprétation stratigraphique plus large et y voir, comme dans les Beni Snassen, l'ensemble du Bajocien, du Bathonien et du Callovien.

5° **Oxfordien, Séquanien et Jurassique supérieur**. — Les marno-calcaires schisteux qui précèdent sont recouverts *en dis-*

cordance par une succession de dépôts jurassiques, représentant l'extension vers l'ouest des dépôts du même âge du Filhaoucen et du massif de Tlemcen R'ar Rouban.

Malheureusement je n'y ai pas trouvé de fossiles déterminables. J'ai observé dans la vallée de Beni Amir :

a. Une série d'argiles schisteuses, verdâtres, intercalées de petits bancs de grès siliceux brunâtres dont l'épaisseur peut atteindre 100 mètres.

Ces argiles, gréseuses, représentent les schistes et grès d'Oran dans lesquels j'ai signalé une faune oxfordienne caractérisée par *Cardioceras cordatum* Sow., *Phylloceras Kudernatschi* Iban., *Phylloceras tortisulcatum* d'Orb., etc. [1].

Ces argiles et ces grès sont également développés dans le massif des Trara et le Ras Asfour, où ils sont transgressifs sur le Lias et les schistes primaires;

b. Au-dessous de l'Oxfordien j'ai retrouvé les grès bruns, intercalés d'argiles schisteuses bariolées de vert, de rouge et de couleur lie de vin, que j'ai décrites au nord de Lalla Mar'nia, dans le bassin de la Tafna. En ce dernier point j'ai signalé, dans des lentilles de calcaire zoogène, une petite faune à Brachiopodes et Échinides que A. Peron a rapprochée des faunes séquaniennes du sud de la province d'Alger [2]. Cet ensemble argilo-gréseux peut atteindre 250 mètres de puissance;

c. Enfin elle est surmontée en concordance par une importante assise de calcaires compacts et de dolomies en bancs réguliers qui marquent l'extension vers l'ouest des dépôts analogues du Filhaoucen et des monts de Tlemcen, et qui sont considérés comme appartenant au Jurassique supérieur.

Tout est à faire pour l'étude stratigraphique de la série jurassique que je viens de signaler et je ne doute pas que des recherches patientes amènent, tant dans les Beni Snassen que dans les massifs algériens voisins, la découverte de quelques rares gisements fossilifères qui permettent de préciser l'âge des niveaux qui la composent.

Ces dépôts ont certainement recouvert tout le massif qui nous occupe. Ils sont actuellement très morcelés et forment toute une

---

[1] Thèse de doctorat, p. 176-177.
[2] L. Gentil, *Bull. Serv. Carte Géol. de l'Algérie*, n° 4, p. 119-121.

bande au nord au bord de la plaine des Trifa et au sud dans les
Djebel Mer'ris, Hararza, Sidi Soltan; à l'ouest depuis Aïn Taforalt
jusqu'à la Moulouya.

Il faut renoncer à voir, comme le voudrait M. Brives, dans les
mamelons qui dominent le poste d'Ouberkan du Crétacé inférieur,
il n'y a de ces côtés que des argiles et grès oxfordiens ou sé-
quaniens.

III. Terrains tertiaires.

1° **Miocène.** — Des terrains miocènes se montrent à la bordure
des Beni-Snassen, dans la plaine des Trifa.

Le sahel du Korn ech Chems est formé des dépôts du Miocène
moyen et il semble que le massif algérien des Msirda ait forcé la
mer helvétienne à communiquer, par l'emplacement actuel de la
Méditerranée, avec la plaine des Trifa et avec le golfe de Bab
el Assa.

J'ai recueilli dans ces formations, aux environs de Nemours,
une faune de l'Helvétien et de la base du Tortonien, et ces dépôts
se poursuivent au delà de la Moulouya; ils forment, dans la plaine
des Trifa, le soubassement de dépôts plus récents.

Sur le bord septentrional de la chaîne le Miocène est recouvert
par un poudingue à gros galets empruntés aux calcaires du Lias et
aux roches primaires et dont le ciment, formé d'un grès calcari-
fère, est, par ailleurs, presque exclusivement développé. J'ai consi-
déré, en 1907, ces sédiments comme appartenant probablement au
Pliocène de la plaine. Je n'ai pas encore de données précises sur
leur âge, mais je pense qu'ils pourraient aussi bien représenter un
faciès du Tortonien assez fréquent dans le Tell algérien. Il me paraît
impossible seulement de considérer ces poudingues ou les grès
calcarifères de la même formation, avec M. Brives qui les a touchés
auprès d'Ouberkan, comme du Miocène inférieur (Cartennien), et
les Pectinidés « en mauvais état de conservation » signalés par mon
confrère ne peuvent être d'âge plus ancien que le Tortonien.

2° **Pliocène et Pléistocène.** — Je place dans le Pliocène des
sables rouges parfois argileux qui, au nord du massif, sont élevés
d'une dizaine de mètres au-dessus de la plaine. Ils ont été profondément remaniés, si bien que je considère la plaine de Trifa
comme en grande partie pléistocène.

Enfin je signalerai aux abords de la Moulouya un Pliocène lacustre, formé de travertins et de marnes blanchâtres, sur une épaisseur d'une quinzaine de mètres, renfermant des empreintes de mollusques lacustres et terrestres parmi lesquels de nombreux exemplaires de *Melanopsis marocana* Chemnitz. Ces dépôts reposent vraisemblablement sur les argiles du Miocène moyen qui forment, à leur base, un important niveau d'eau dont les émergences sont assez fréquentes, notamment dans la région d'Aïn Zerga.

B. ROCHES ÉRUPTIVES.

Je donnerai ici un court aperçu sur les roches éruptives que j'ai rencontrées, me proposant de les décrire plus tard avec détails.

Elles peuvent se grouper en trois catégories différentes, car elles appartiennent à trois époques distinctes de l'histoire géologique du massif.

Les roches granitiques datent des temps primaires, les autres appartiennent à deux phases volcaniques remontant soit à la fin de la période paléozoïque ou au début des temps secondaires, soit au Néogène

1° Granites et leurs contacts. — Des *granites* affleurent au centre du massif. Le type le plus répandu est un *granite à biotite* gris, avec de rares lamelles de muscovite; l'orthose y est toujours accompagnée de feldspaths plagioclases représentés par de l'oligoclase et de l'audésine acide avec bordure périphérique fréquente d'orthoclase.

Des *granulites* de couleur claire, rose ou blanche, traversent en filons les granites à mica noir. Elles s'en distinguent par l'extrême rareté de la biotite et par l'abondance de petites lamelles de muscovite. L'orthose est souvent faculée d'albite; le microcline est absent, il est remplacé par une oligoclase assez peu abondante. Une variété de cette granulite montre une tendance à la structure microgrenue.

Au contact des granites que je viens de décrire très sommairement les schistes argileux et les quartzites primaires ont subi une modification intense. Parmi les roches métamorphiques qui en résultent je puis citer deux types pétrographiques qui se rencontrent sur de grandes surfaces, au pied du Ras Four'al.

Le plus fréquent est un *schiste micacé à andalousite*, compact, finement rubané, de couleur gris brunâtre, avec de nombreux cristaux noirs d'andalousite couchés dans les plans de fissilité de la roche. Ce minéral est du type Huelgoat de M. A. Lacroix, il ne renferme jamais de matière charbonneuse et est développé sur un fond de biotite et de séricite.

Un *schiste micacé à andalousite et cordiérite* accompagne la roche de contact précédente. Elle en diffère par la présence de la cordiérite en cristaux parfois maclés suivant g^2 (130) et l'association de biotite, de muscovite et quartz avec un peu de magnétite.

Ces types pétrographiques résultent, le premier du métamorphisme des schistes ardoisiers siluriens, le deuxième du contact des schistes quartzeux ou des quartzites intercalés dans le même terrain. Les granites des Beni Snassen et leurs contacts rappellent les roches similaires du massif des Trara[1].

De même, au point de vue de leur gisement et de leur âge, ces granites doivent être rapprochés de ceux de Nédroma. Ils ont, comme eux, modifié les schistes siluriens et ils sont remaniés dans le conglomérat de base du Lias, mais il est vraisemblable que, comme dans les Trara, ils sont antérieurs au Permien que je n'ai pas retrouvé dans les Beni Snassen. Aussi suis-je amené à les considérer comme nettement primaires, dévoniens ou carbonifères.

2° Volcans antéliasiques. — Des *porphyrites (andésites)* à pyroxène affleurent presque partout avec les schistes primaires, reposant sur ces derniers. Ce sont des roches altérées, compactes, formant des coulées épaisses superposées ou intercalées de couches puissantes de tufs; le tout atteignant plus de 300 mètres d'épaisseur dans la vallée de l'Ouad Hafyr.

La roche compacte est verte, chargée de chlorite et d'épidotite. Elle offre, en lames minces, des phénocristaux d'augite accompagnés de rares cristaux d'andésine, dans une pâte plus ou moins cristalline où les microlites d'oligoclase ou d'andésine acide abondent avec de la magnétite. L'altération de la roche est généralement profonde; à la chlorite et à l'épidotite se joignent la calcite, le sphène et de la silice secondaire.

Des filons de lave, épais d'une dizaine de mètres, traversent

<hr>

[1] Thèse, *loc. cit.*, p. 94-97.

verticalement les schistes siluriens au-dessous du Ras Four'al. On y distingue des types largement cristallisés à grandes lamelles de biotite et grands cristaux d'oligoclase basique ou d'andésine acide. Ces éléments du premier temps de consolidation sont englobés dans une association de cristaux plus petits de biotite et d'oligoclase, avec quartz secondaire.

Sous cet aspect la roche filonienne, parfois même grenue, représente des variétés de *kersantites*. Elle passe à des types plus microlitiques représentant des *porphyrites* (*andésites*) *micacées à biotite*.

Il semble bien que ces filons de lave appartiennent à l'appareil interne des volcans andésitiques sous-liasiques.

Ces éruptions anciennes se séparent des volcans rhyolitiques carbonifères que j'ai signalés plus au sud, dans la chaîne des Beni Bou Zeggou. Je pense qu'ils sont plus récents, permiens ou même datent du début des temps secondaires.

3° Volcans néogènes. — Dans la plaine des Angad et jusqu'au pied méridional du massif des Beni Snassen s'étalent des déjections volcaniques importantes qui appellent l'attention tant par leur composition minéralogique que par leur âge géologique. On y distingue une série de roches superposées.

Les plus anciennes sont des laves à phénocristaux abondants, rappelant par leur aspect les basaltes porphyroïdes du type classique de la Haute-Auvergne; au-dessus se superposent des roches également de couleur foncée, mais à phénocristaux rares ou même totalement absents.

La roche porphyroïde est formée de grands cristaux d'augite, légèrement pléochroïques en violet, et d'olivine, dans une pâte microlitique des mêmes minéraux avec labrador et magnétite.

Le deuxième temps montre en outre un verre incolore, leucitique, parfois avec leucite, à contours géométriques et possédant les couronnes d'inclusion que j'ai décrites dans des roches analogues de la région d'Aïn Temouchent, en Algérie[1].

Le type compact diffère du précédent seulement par sa structure. Il offre une variété à grandes lamelles hexagonales de biotite.

Toutes ces roches ont, au point de vue chimique, une grande

[1] Thèse, *loc. cit.*, p 468-473.

parenté; elles appartiennent à un magma éléolitique. Elles sont encore associées à des basaltes et des labradorites.

Les volcans qui nous occupent s'étendent depuis le pied méridional du massif des Beni Snassen jusqu'au delà d'Oujda. Aux laves compactes sont associés des tufs, des cendres, des lapilli et des bombes se superposant sur des épaisseurs importantes. Des vestiges de cratères existent entre les Dj. Mer'ris et Hararza et aux aux environs d'Oujda, dans les collines des Semmara.

Je n'ai aucune notion précise sur l'âge de ces volcans dont le substratum visible est jurassique, mais leur état de conservation, la nature de leurs déjections ainsi que la proximité de leurs gisements m'engagent à les rapprocher des volcans miocènes ou pliocènes du bassin de la Tafna.

C. TECTONIQUE.

Ainsi que je l'avais entrevu au cours de ma précédente mission[1], le massif des Beni Snassen forme un vaste bombement elliptique dont le grand axe est dirigé N. N. E.–S. S. O.

La carte géologique que j'ai relevée montre que les schistes siluriens affleurent au centre de la chaîne, mis à nu par l'érosion; tandis que le Lias qui lui succède forme tout autour une auréole bordée périphériquement par les dépôts jurassiques. Cette disposition implique un plongement périclinal des couches secondaires autour du noyau primaire. Le vaste dôme ainsi formé porte en outre la trace de plis qui compliquent sa structure.

Les plus anciens ont affecté les schistes primaires. Ils courent en un faisceau d'anticlinaux et de synclinaux à peu près parallèles et dirigés est–ouest, au pied du Ras Four'al, et ils s'incurvent vers le nord dans l'Ouad Bou Hafyr et dans l'Ouad Beni Ouaklan.

Ils se raccordent avec les plis anciens des Trara et appartiennent à une chaîne hercynienne qui a été reprise dans les plissements alpins qui affectent le Lias et le Jurassique. Ces derniers forment, indépendamment de la structure générale du massif, un système de plis droits ou légèrement déjetés vers le Sud, sur le flanc méridional de la chaîne. Ils courent parallèlement à sa direction et ils offrent un maximum d'élévation d'axe au voisinage du méridien

[1] *Loc. cit.*, p. 208.

du sommet du Djebel Bou Zabel. De part et d'autre de ce méridien,
en effet, on voit les anticlinaux et les synclinaux liasiques s'abaisser
rapidement, allant former le col surbaissé du Guerbous à l'est et,
dans l'ouest, s'ennoyant sous les dépôts jurassiques plus récents.

Sur le flanc septentrional la structure du massif est en appa-
rence moins compliquée. Il semble à première vue que l'on soit,
de ce côté, en présence d'un dôme simple; mais en réalité on peut
voir, de l'Ouad Zegzel, la superposition de trois plis imbriqués,
formant trois écailles légèrement poussées vers le Sud.

Une étude plus détaillée est à faire à ce point de vue mais il se
dégage des faits qui précèdent que le massif porte la trace indis-
cutable de *poussées vers le sud.* Il n'est pas douteux qu'il ait parti-
cipé aux efforts tangentiels qui ont charrié vers le continent la
nappe que j'ai décrite plus au nord, à partir de l'O. Kiss.

Les plissements alpins que je viens de décrire sont donc du
même âge que les accidents tectoniques qui jalonnent le bord de
la Méditerranée entre le Kiss et Oran; et j'ai montré que ces derniers remontent à l'Helvétien inférieur[1].

Je ne doute pas que les dépôts helvétiens ou tortoniens du Korn
ech Chems soient postérieurs aux principaux efforts qui ont donné
au massif des Beni Snassen sa structure actuelle. Et je continue
de croire que les rivages de la mer helvétienne et de la mer torto-
nienne se trouvaient au voisinage de la frontière algéro-marocaine
de Lalla Mar'nia[2].

Je n'ai trouvé nulle part, dans la plaine des Angad, jusqu'au delà
d'Aïoun Sidi Mellouk (c'est-à-dire à 60 kilomètres à l'ouest
d'Oujda), de traces de ces dépôts néogènes. Au contraire, au nord
du massif ils s'étalent largement encombrant sur un long parcours
la vallée de la Moulouya; et ils semblent bien se poursuivre vers
Fez par la trouée de Taza, ainsi qu'on peut l'entrevoir d'après les
récits de voyages — quoique peu scientifiques — de M. de la Mar-
tinière et du comte de Chavagnac.

Quoiqu'il en soit, un fait est définitivement acquis concernant
la question, déjà nettement posée[3], de la communication de la
Méditerranée avec l'Océan par le Maroc à l'époque néogène : c'est

---

[1] *Sur la tectonique du littoral de la frontière algéro-marocaine,* C. R. A. Sc.,
30 mars 1908.

[2] *Loc. cit.,* Rapport, p. 211.

[3] *Loc. cit.,* Rapport, p. 192-193.

l'absence des dépôts du Miocène inférieur vers l'ouest à partir de Nemours. J'ai poussé mes investigations jusqu'à plus de 100 kilomètres au delà de ce petit port algérien et je n'en ai plus trouvé de trace.

Il semble que, dès l'époque helvétienne, le détroit Sud-Rifain se préparait par un empiétement graduel, vers le sud de la chaîne la plus septentrionale du Maghreb, des eaux de la Méditerranée néogène. Et je ne serais pas surpris de constater un jour la transgression constante des sédiments miocènes vers Fez, faisant disparaître d'abord les dépôts helvétiens, puis ceux du Tortonien, pour ne laisser place enfin, au seuil de Taza, qu'aux sédiments sahéliens, les plus élevés des dépôts marins dans la série miocène.

[1] *Loc. cit.*, p. 192.

www.ingramcontent.com/pod-product-compliance
Lightning Source LLC
LaVergne TN
LVHW050113060726
842524LV00003B/1099